AF313438

MESURES

PROPOSÉES PAR LA SOCIÉTÉ ROYALE DE L'AIN

CONTRE

LES ÉPIZOOTIES CONTAGIEUSES.

La Société de l'Ain est appelée à donner son avis sur les mesures sanitaires à prendre pour prévenir les épizooties et faire cesser leurs ravages. Ce qui a d'abord et particulièrement fait naître la sollicitude de l'administration, est une maladie qui semble connue depuis moins d'un siècle, la pleuro-pneumonie, soit péripneumonie gangreneuse, qui, depuis 25 ans au moins, ne cesse de sévir dans notre pays sur les bêtes bovines. La maladie enlève plus de moitié des animaux qu'elle atteint, et lorsque, dans une écurie, un individu est frappé, rarement disparait-elle sans avoir attaqué presque tous les autres. On la voit, en général, commencer par un animal acheté en foire avec tous les signes apparens de la santé; cet animal en porte le germe qui se développe après quelque temps d'incubation : tout porte donc à croire qu'elle est contagieuse. Que ce soit par infection ou par contact proprement dit, elle se communique, se transmet aux animaux réunis dans une même étable, et de là pénètre dans d'autres étables voisines. Il parait que très-rarement elle se développe spontanément dans un pays, alors même qu'elle y a déjà existé; elle n'y rentrerait que par l'arrivée d'animaux malades ou qui ont apporté le germe de la maladie. Son symptôme le plus apparent est une petite toux brève, qui échappe facilement à l'attention; aisément donc on peut acheter en foire un animal infecté.

Toutefois, il est bien à craindre que si la maladie continue de subsister dans la contrée, elle ne finisse par arriver à être enzootique, c'est-à-dire à laisser des germes qui, au bout d'un certain temps et sous certaines conditions de température et de régime, se développent et se renouvellent; d'après M. Lancelot, elle serait même déjà arrivée à ce point dans l'extrémité méridionale de la chaîne du Jura qui nous est limitrophe. Il en est ainsi de beaucoup de maladies aussi bien dans la médecine humaine que dans la médecine vétérinaire.

Les fièvres charbonneuses des bêtes bovines, assez rares d'abord, étaient devenues très-fréquentes et enzootiques dans le pays; elles ont fait pendant près d'un siècle de grands ravages en se reproduisant sur beaucoup de points, sans causes apparentes; elles se sont, il est vrai, en grande partie apaisées, et il ne nous semble pas que maintenant elles fassent périr le dixième des animaux qu'elles frappaient il y a 50 ans. Quoique plus promptes, elles étaient toutefois moins fatales que la pleuropneumonie, parce qu'elles atteignaient moins d'individus dans une même écurie, qu'elles ne persistaient pas dans une même commune, et que, par conséquent, elles avaient moins de caractères contagieux.

La maladie qui détruit annuellement un si grand nombre de porcs, était inconnue il y a 25 ans, et maintenant il semble qu'elle n'a plus besoin pour se développer d'être transmise par des animaux malades.

Il serait à craindre qu'il n'en arrivât de même de la terrible maladie à laquelle on a donné le nom de typhus contagieux ou peste bovine. On l'avait, dans le dernier siècle, désignée sous le nom d'épizootie bos-hongroise, parce qu'on la regardait comme particulière à la Hongrie, qu'elle y était enzootique, que les animaux qu'on tirait de ses steppes en portaient avec eux le germe qui se développait au loin particulièrement par la marche et la fatigue. Depuis lors, on la regarde comme étant aussi enzootique dans les steppes des plaines immenses, comprises entre la Mer Noire, le Caucase, la Mer Caspienne et la rive droite de l'Oural. Les steppes sont très-étendues dans ces divers pays; la maladie y règne comme dans celles de la Hongrie et se transmet par les animaux qu'on en tire et qui sont d'une même race.

Depuis quelques mois, les journaux nous ont alarmés; ils ont annoncé que, après s'être répandue dans quelques parties d'Allemagne, la peste bovine s'était étendue en Bavière, qu'elle était même arrivée jusque dans le Limbourg hollandais, d'où elle menaçait la Belgique. Les Belges ont sollicité, par des pétitions à leurs chambres, des mesures promptes pour se préserver; et ces pétitions ont eu bientôt atteint leur but, le ministre de l'intérieur a proposé une loi contre son invasion; la chambre s'en est occupée avant tout autre travail. La loi est rendue et contient des mesures absolument semblables à celles que nous sollicitons.

Cependant, des commissaires, envoyés sur les lieux par le gouvernement français, se sont assurés qu'elle n'avait point fait les rapides progrès dont on l'accusait, et qu'elle semblait même se calmer dans les pays qu'elle avait envahis. Ces renseignemens sont rassurans sans doute, mais ils sont loin de détruire tout danger; la maladie peut nous arriver comme elle l'a déjà fait par des cuirs verts, des suifs non fondus et des animaux voyageurs; d'ailleurs, dans la question que nous sommes chargés de traiter, qui consiste à indiquer les mesures à prendre, en général, contre les épizooties, il s'agit plus encore de l'avenir que du présent; il entre donc dans notre sujet de nous occuper de la plus terrible de toutes ces maladies, et d'indiquer les moyens qui ont toujours servi à l'arrêter dans les pays où on les a employés; l'expérience acquise sur ce point pourra nous diriger dans les mesures à proposer pour défendre notre agriculture des autres épizooties; elles sont moins fâcheuses sans doute, mais toujours encore elles menacent et détruisent, souvent en grand nombre, les animaux précieux qui nous fournissent à la fois le travail du sol, l'engrais qui fait sa fécondité et la plus grande partie des revenus du pays. Et puis, atteints trois fois depuis le commencement du siècle, après la perte que la France a faite, en 1814 et 1815, de 200,000 animaux en valeur de plus de 20 millions, il n'est pas hors de propos de nous occuper des précautions à prendre contre un pareil hôte. Dans le cas où nous sommes, la question est d'abord de l'empêcher d'arriver, et puis de discuter et d'arrêter la marche qu'il conviendrait de suivre, s'il venait à nous envahir. L'Allemagne elle-même s'est émue tout entière; plus voisine du foyer du mal, elle l'a essuyé plus fréquemment et avec plus de perte que nous. Un économiste allemand, cité par M. Moll, a calculé d'après les relevés officiels, que, dans cinq invasions pendant le 18e siècle, la maladie a fait périr, tant en Allemagne que dans le reste de l'Europe, une valeur de plus de 5 milliards (1) de bêtes bovines.

L'Allemagne y est beaucoup plus exposée que nous; la Prusse et l'Autriche, depuis l'introduction des mérinos, ont trouvé l'éducation des moutons plus profitable que celle des bêtes bovines; elles ont négligé l'élève de ces dernières; elles doivent donc, chaque année, tirer des steppes les plus voisines des animaux pour leur consommation. Mais la Prusse, entre autres, ne reçoit ces animaux qu'avec une patente qui atteste qu'ils n'arrivent pas de pays où la maladie est déclarée, et, en outre, bêtes et gens doivent faire à la frontière, dans des lazarets spéciaux, une quarantaine de 21 jours.

On voit d'ailleurs toujours apparaître la peste bovine à la suite des guerres continentales; ce sont les animaux des steppes qui forment les parcs d'approvisionnement des armées qui l'apportent, et chez ces animaux, quoique bien portans à leur départ, la maladie se développe presque toujours par suite des fatigues de la route.

Ce typhus est moins prompt et moins fatal dans son pays originaire que dans ceux où il est inconnu, et un animal hongrois, par exemple, peut en porter le germe plusieurs mois; la marche l'y développe, et il est alors éminemment contagieux pour les animaux des pays où il n'est pas enzootique; il y arrive souvent à un point terrible d'exacerbation. Dans une de ses invasions, il a détruit en Italie, sans exception, toutes les bêtes

______

(1) Nous ne reproduisons pas le chiffre des animaux morts, dans la crainte qu'il ne s'y soit glissé une erreur.

bovines de l'Agro-Romano. On l'a même accusé, mais à tort, à
ce que pensent des hommes habiles, de frapper avec des symp-
tômes différens les chevaux et toutes les autres races d'animaux
domestiques; c'est enfin la peste des animaux du bon Lafon-
taine, *capable d'enrichir en un jour l'Achéron.*

La contagion ne se transmet pas seulement par des animaux
qui ont séjourné avec la race infectée; les cuirs verts, les suifs
non fondus, les cornes et les poils frais d'animaux malades,
suffisent pour porter l'infection. Ainsi, en 1774, elle a été
apportée en France par des cuirs verts provenant de la
Zélande et débarqués à Bayonne; en Angleterre, elle fut importée par du foin provenant de Hollande.

Pour prendre sur ce sujet conseil de l'expérience, nous allons
rappeler ce qui s'est passé dans notre pays en 1814 et 1815.

En 1814, l'armée autrichienne d'invasion traînait à sa suite
des parcs de bœufs de Hongrie, pour la subsistance de ses
troupes; la marche développa chez ces animaux le typhus bos-
hongrois. Il suffisait, pour transmettre l'infection, que les
animaux du pays succédassent aux animaux infectés, qu'ils en
traversassent un parc en route, ou qu'ils allassent paître après
eux dans des pâturages. Et puis, les Autrichiens mangeaient
leurs animaux atteints et en vendaient les cuirs; le mal, par
ces divers moyens, se répandit donc partout où passa l'armée
et se propagea au loin par les animaux des écuries infectées,
qu'on se hâtait d'envoyer en foire. L'art épuisa sa science, il
essaya en vain tous les traitemens; les neuf dixièmes des animaux malades succombèrent, et dans les écuries où la contagion se déclara, à peine un ou deux y échappèrent.

Frappé l'un des premiers dans un domaine où la maladie
s'était déclarée chez des animaux qu'on conduisit sur des pâturages où des bœufs hongrois s'étaient arrêtés quelques instans,
le Président actuel de la Société y alla avec un vétérinaire porter
secours aux animaux malades, et préserver, s'il était possible, une partie des bêtes saines. Trois seulement parurent
atteintes; on les isola des autres, et on jugea que le meilleur

moyen à opposer était de pratiquer à toutes des sétons garnis d'ellébore; les animaux malades furent opérés les premiers; ceux non atteints le furent ensuite pour les préserver. Il paraît que l'opération, faite avec les mêmes instrumens, fut suffisante, quoiqu'on les essuyât, pour propager la contagion. Sur 32 malades, 30 périrent.

La maladie fut ailleurs un peu moins prompte, mais à peu près aussi funeste partout où elle pénétra; tous les efforts qu'on fit pour la contenir ou la guérir, ne servirent qu'à la propager. Les médecins, appelés pour la traiter dans les écuries malades, la portaient eux-mêmes dans les écuries saines; la contagion s'étendit donc de plus en plus. Cependant, l'administration défendit les foires et toute sortie d'animaux des communes infectées, l'armée ennemie se retira, et après sa retraite, au moyen des mesures prises, la contagion cessa de s'étendre; dans plus d'un lieu, elle s'arrêta faute d'animaux à attaquer, et, dans le courant de l'hiver, on la vit à peu près disparaître.

Mais 40,000 animaux, le cinquième de toute la population bovine du pays, avaient succombé; c'était une valeur de 4 millions au moins, valeur productive de revenus et surtout d'engrais perdus pour l'agriculture. Le mal sévit plus particulièrement sur la partie la plus productive du pays, la Bresse, qui reçut tout le poids de l'invasion, et qui, en raison de ce que plus de la moitié du département fut à peine atteinte, perdit plus du tiers, souvent moitié, de tous ses animaux.

L'année suivante 1815, Napoléon, arrivé de l'île d'Elbe, attira une seconde invasion; l'armée autrichienne reparut avec ses parcs bos-hongrois. Le docteur Cabuchet avait dans sa bibliothèque les ouvrages de Vicq-d'Azir; l'un des volumes contenait l'historique de la même maladie, importée en France en 1774. Elle fit à cette époque d'immenses ravages; tous les secours de l'art furent inutiles, et elle ne s'arrêta qu'en employant un remède héroïque, l'abattage des animaux malades. On commença d'abord à abattre sans indemnité; mais on éprouva de toutes parts des résistances telles, que, pour les faire cesser, on crut devoir s'appuyer de plusieurs corps d'armée. Toutefois, la maladie continuait de se propager, et elle ne fut efficacement combattue, que lorsqu'on se décida à payer les animaux malades qu'on abattait. Chacun alors s'empressa de les déclarer, on les abattit, et la contagion et les morts ne tardèrent pas de s'arrêter.

Edifiés de ces faits, le docteur Cabuchet et le Président actuel firent connaître ce résultat à la Société, et ils lui proposèrent de demander à l'autorité, pour le département de l'Ain, l'adoption des mesures qui avaient si bien arrêté la contagion en 1774; en conséquence, ils furent chargés d'en formuler la demande; on demanda donc au gouvernement d'autoriser l'abattage des animaux malades, en payant les deux tiers de leur valeur à ceux des propriétaires qui auraient déclaré la maladie au moment de son invasion. Un voyage à Paris mit M. Puvis dans le cas de presser les démarches, et, avec l'appui de nos députés, MM. Riboud père et de Silans, on obtint une ordonnance du roi qui sanctionna les mesures proposées par la Société.

La maladie était déclarée sur beaucoup de points dans le département; elle y avait déjà fait de grands ravages. L'ordonnance aussitôt son arrivée fut mise à exécution. On obtint de l'armée autrichienne de consommer ses bœufs hongrois, et en un mois la maladie s'arrêta comme par enchantement. Dans un domaine du beau-père de M. Puvis, deux animaux atteints, isolés d'abord, abattus dans les 24 heures, et enterrés avec leur cuir dans les terres labourables où n'arrivaient pas les animaux sains, suffirent pour préserver de la contagion les 40 têtes bovines restantes.

L'effet fut le même partout où la mesure fut employée; on abattit dans tout le département moins de 300 têtes, on dépensa 24,000 francs, et la maladie disparut complètement de tous ses foyers. On marqua ensuite aux cornes avec un fer chaud tous les animaux appartenant au département; bientôt on permit les foires, on en repoussa tous ceux qui n'étaient pas marqués, et le pays se préserva ainsi au milieu de la contagion qui l'environnait.

Mais les hommes de l'art et l'expérience de 1774 faisaient craindre que la maladie ne se renouvelât d'elle-même dans les années suivantes; en conséquence, à la demande de la Société d'agriculture, le Conseil général, pendant les 4 à 5 années qui se succédèrent, conserva, sous le nom de fonds d'épizootie, une somme de 5 à 6 mille francs, pour apporter au besoin le même remède à la première réapparition de la maladie.

Les suites de ce typhus sont aussi funestes que le mal lui-même; l'agriculture perd à la fois ses forces, ses moyens de labourage, et, ce qui est peut-être encore plus dommageable, ses moyens d'engrais. Les bêtes bovines sont presque partout dans notre pays une des principales sources de revenus de l'exploitation. Par la cessation de tout commerce, après la perte d'une grande partie de ses bestiaux, on perd encore le revenu de ceux qui restent; mais la perte la plus fâcheuse pour les premiers besoins du pays, est celle des engrais pour le sol. Aussi, dans la partie du département où la maladie fit le plus de victimes, la Bresse, les récoltes furent faibles en 1815; en 1816 des pluies continues y joignirent leur fatale influence, et le pays qui exporte ordinairement une partie notable de ses grains, n'en produisit pas pour se nourrir. La disette fut grande; le prix des pommes de terre s'éleva jusqu'à 20 francs l'hectolitre, et celui du blé à plus de 70.

Dans la crainte que prudemment nous devons conserver, de voir reparaître encore ce terrible fléau, quelles seraient les mesures à prendre pour s'en préserver? L'expérience, il nous semble, nous l'apprend d'une manière précise:

Et d'abord toute tentative de traitement est inefficace. Pendant le 18e siècle, on a épuisé toutes les méthodes, tout le champ des expériences; on n'a pas été plus heureux dans le 19e, aux trois retours de la maladie, en 1814, 1815 et 1833. La médecine vétérinaire cependant a un champ plus vaste pour s'instruire que la médecine humaine: elle peut multiplier en quelque sorte indéfiniment et *impunément* ses essais. Mais toute sa science n'a pu préserver le nombre immense d'animaux qui ont péri pendant le 18ᵉ siècle. En Hollande, dans une seule invasion, les académies de Leyde, d'Utrecht et tout l'art vétérinaire furent appelés; on perdit néanmoins 284,000 animaux. Toutes les fois, au contraire, qu'on a employé l'abattage des animaux malades, le mal s'est arrêté; ainsi, l'a-t-on vu en 1774 dans plusieurs provinces de France.

Une grande et décisive expérience a été faite en Belgique sous le gouvernement de Marie-Thérèse. Deux provinces voisines infectées renfermaient à peu près le même nombre d'animaux; dans l'une, on continua de traiter la maladie; dans l'autre, on abattit les animaux atteints; dans celle qui reçut tous les secours de l'art, il en périt 16,000, plus de la moitié de sa population bovine, et dans la seconde, la maladie fut étouffée par l'abattage de 484 animaux; on perdit trente fois plus dans l'une que dans l'autre.

Ce qui s'est passé dans le département de l'Ain, nous semble tout aussi concluant. En 1814, on perdit 40,000 têtes bovines en s'aidant de tous les secours de l'art; en 1815, l'abattage commença, alors que la maladie était déjà déclarée sur un assez grand nombre de points; on abattit à peu près 300 animaux en valeur de 24,000 francs, et le fléau disparut; ainsi par l'abattage, on perdit cent vingt-cinq fois moins qu'en s'aidant de tous les secours de l'art.

Il vient d'être communiqué à l'Institut un rapport du docteur Schwab, directeur de l'école vétérinaire de Munich, chargé, par son gouvernement, d'aller sur les lieux pour y recueillir de nouvelles lumières sur l'origine et le mode de propagation et de traitement de cette maladie. Ses observations ont été faites en Moravie. On y avait reçu l'épizootie de la Galicie, où l'avait laissée un convoi de bœufs amenés de la Moldavie. Sur les 1,065 sujets atteints, 68 seulement ont été guéris. *Tous les traitemens,* dit le docteur Schwab, *ont été jusqu'à ce jour inefficaces,* et il conclut son rapport en prononçant qu'aussitôt la maladie connue, il faut immédiatement procéder à l'abattage des animaux malades.

Le directeur de l'école vétérinaire de Vienne écrit à M. de Lafond que la maladie sévit en Moravie et en Bohême, qu'on l'a détruite à son apparition dans la Basse-Autriche, en abattant avec indemnité. Attaquée plus tard en Bohême et en Moravie par les mêmes moyens, on espère bientôt la faire disparaître, en y joignant l'interdiction de l'entrée des bestiaux et de leur provenance des pays suspects.

En résumé, dans toutes les parties de l'Allemagne, dans la Belgique, la Hollande, dans tous les pays enfin plus voisins de la contagion que la France, et où on a pu se guider par une longue et triste expérience, lorsque la maladie s'approche du pays, on repousse les bestiaux et leurs dépouilles provenant des pays suspects; et, en cas d'invasion, on a recours à la massue, comme seul spécifique efficace, et c'est le parti que vient de prendre au moment actuel la législature belge.

Nous ne pensons pas qu'il y ait rien à ajouter à ce qui précède, et il demeure évident qu'en France, on doit adopter contre la peste bovine les mêmes règles de conduite. Cette peste peut nous arriver par la facilité des communications, qui grandit chaque jour, par des animaux ou par leurs dépouilles qui peuvent dans ce moment entrer par tous les points de nos frontières, par terre comme par mer; en cas de guerre, elle est le cortége assuré des armées, et la guerre ne fût-elle pas chez nous, fût-elle chez nos voisins, la maladie s'y établirait et nous menacerait; le pays doit donc toujours être armé contre un pareil fléau.

Mais ces mesures nécessaires pour le typhus des steppes, doivent encore être employées, à ce qu'il nous semble, contre toutes les autres épizooties contagieuses et meurtrières. Le traitement des maladies contagieuses des animaux est plein de dangers pour ceux qui sont en santé; les chances de contagion décuplent par le temps où on laisse debout l'animal malade; en l'abattant promptement, le mal est attaqué dans sa source, et le sacrifice d'un petit nombre peut en préserver des milliers. Là, se trouve l'heureuse application de cette sentence, qui en a reçu ailleurs une si haute.... *Opportet unum perire, pro omnibus.*

Dans une question de cette nature, où il s'agit d'animaux qui doivent tomber sous la massue, la mort prématurée d'un petit nombre, dont quelques-uns eussent pu guérir, devient un grand bien quand elle en préserve un grand nombre.

Les mesures à prendre contre les épizooties meurtrières et contagieuses sont donc les mêmes que contre les typhus. Pour elles comme pour lui, nous avons deux buts essentiels à atteindre, préserver d'abord le présent qui peut être cruellement frappé, mais surtout encore l'avenir qui risque d'être tout entier compromis. Soyons donc comme nos voisins, armés contre ces fléaux, de toutes les mesures défensives que peut nous dicter la prudence d'accord avec l'expérience du passé.

Parmi les dispositions à prendre, nous placerons en premier ordre les mesures préventives. Dans beaucoup de cas, ces mesures, si elles sont bien exécutées, peuvent dispenser de toutes les autres. La première chose donc à faire, à l'approche de toutes les épizooties déclarées dans les pays étrangers, serait qu'une ordonnance royale interdisît, d'une manière absolue, l'entrée des bestiaux et des cuirs verts par les frontières placées à portée des pays infectés. Dans le cas spécial où nous sommes, il serait essentiel de l'interdire sur la frontière du Rhin. On n'étendrait pas l'interdiction à toute la frontière du Nord, parce que la Belgique, dans le moment actuel, peut nous servir, sur une partie de cette frontière, de cordon sanitaire.

Il serait indispensable que la même ordonnance consacrât le principe de l'abattage et le paiement de la plus forte partie de la valeur des animaux malades. Le pays doit être armé à l'avance contre l'invasion, afin qu'au moment du danger on ne soit arrêté ni par le besoin de solliciter auprès du gouvernement, ni par les lenteurs qui précèdent toujours une pareille mesure. Les propriétaires de bestiaux atteints s'empresseraient alors de les déclarer, pendant qu'en attendant l'ordonnance, ils céleront le mal, vendront les bestiaux non encore atteints, mais qui portent avec eux le germe de la maladie et propageront ainsi le mal; le remède à y appliquer serait par tout retard dix fois plus dispendieux.

La mesure que nous sollicitons ici pour les bêtes bovines, devrait être générale pour toutes les espèces d'animaux domestiques. Pour les chevaux atteints de morve, elle mettrait fin à toutes ces hésitations, ces traitemens funestes et cette conservation d'animaux malades qui propagent le mal. On se laisse entraîner par le désir de chercher des remèdes, par les promesses de quelques hommes habiles ou non, qui prétendent le guérir, et, au milieu des soins inutiles qu'on donne aux animaux, la maladie se communique jusqu'aux hommes qui les soignent. Ici, comme pour les bêtes bovines, l'abattage sans indemnité n'est pas sans difficulté; la contagion est, sans doute, moins facile que dans la maladie bos-hongroise; mais malheureusement les animaux atteints peuvent faire encore quelques services, et on les conserve malgré toute l'importance sociale qu'il y aurait à les détruire.

Nous regardons aussi comme certain que les ravages extraordinaires que cette maladie fait chaque année dans les chevaux de l'armée, proviennent surtout de ce qu'on n'exécute pas franchement les réglemens qui ordonnent l'abattage de ceux qui sont atteints. Chaque vétérinaire de corps a l'ambition de trouver un remède; on fait essais sur essais, en prétendant que l'on traite des maladies non déclarées, et pendant tout ce temps, malgré la précaution des infirmeries spéciales, les hommes, les chevaux, les fumiers communiquent la maladie aux animaux sains, et le mal devient ainsi double ou triple de ce qu'il eût été.

Il est, sans doute, très-fâcheux que la maladie puisse arriver jusqu'à l'espèce humaine; mais la prudence calmera peut-être à l'avenir cette ardeur de traitement; on se décidera désormais plus facilement à abattre, et par là, hommes et chevaux seront préservés de la contagion.

Mais une ordonnance est une mesure temporaire dont il faut solliciter le renouvellement chaque fois que le besoin s'en fait de nouveau sentir ; des mesures légales devraient donc consacrer, en principe, que dans toutes les maladies meurtrières et contagieuses d'animaux domestiques, ceux atteints seraient abattus avec indemnité.

Nous pensons qu'il en devrait être de même dans le cas actuel de la pleuro-pneumonie, et qu'en y joignant la mise en quarantaine des animaux des communes infectées, elle pourrait cesser dans le département. L'abattage de moins de 100 animaux, le dixième au plus de ce qu'elle fait périr annuellement depuis 25 ans qu'elle s'est introduite, suffirait peut-être pour nous en préserver pendant plusieurs années.

Il serait aussi à désirer qu'on exigeât, comme condition absolue de toute vente en foire, un certificat de non épizootie, donné par le maire de la commune d'origine. Cette mesure est générale en Suisse, et l'expérience y a constaté son efficacité. Il en est de même en Savoie. Ancienne déjà dans le Jura, elle existe aussi, je pense, dans l'Isère. Il suffirait donc pour qu'elle fût efficace dans notre pays, qu'elle fût adoptée par Saône-et-Loire comme par nous. Elle n'est, sans doute, pas un moyen absolu de préservation, mais ses avantages s'accroissent beaucoup lorsqu'elle est générale dans une contrée et dans celles qui l'environnent. Elle défend d'abord efficacement contre la propagation de la maladie qui proviendrait de bestiaux d'une commune reconnue infectée, puisqu'ils ne pourraient point obtenir de certificats pour être vendus ; le danger ne pourrait venir que de communes où le maire ignorerait la contagion : le mal doit donc être nécessairement moins grand et la contagion moins répandue, parce que évidemment au moyen des certificats, on place dans une efficace quarantaine les quatre cinquièmes au moins des communes infectées, et on détruit ainsi quatre cinquièmes des chances de contagion.

On conçoit que, dans un pays où la mesure n'est pas ou est mal exécutée, il y a beaucoup de danger à être voisin de contrées où elle l'est rigoureusement. Ainsi, dans le cas où nous sommes, les marchands peuvent aller prendre à bas prix, dans les communes en quarantaine du Jura, des bestiaux qu'ils viendront revendre dans nos foires avec le germe de la maladie; et ces bestiaux seraient repoussés si, dans notre pays, on exigeait des certificats. Elle nous arrive aussi, par la même raison, de nos communes infectées, puisque rien ne défend la libre circulation et le commerce de leurs bestiaux. Par l'absence de cette mesure, nous sommes donc dans notre pays tout-à-fait à la merci des contagions étrangères et locales; il convient, par conséquent, que, pour nous défendre, l'autorité supérieure prescrive impérieusement, comme chez nos voisins, les certificats de non épizootie.

Quant aux deux autres mesures plus puissantes et plus efficaces, le repoussement aux frontières des animaux et des cuirs provenant des pays suspects, et l'abattage de ceux de l'intérieur atteints, nul doute, à ce qu'il nous semble, que dans le moment du danger, la puissance royale n'ait le droit, aujourd'hui comme en 1815, de frapper d'interdiction l'entrée des bestiaux et des cuirs étrangers et d'ordonner, comme mesure d'administration et de sécurité publique, l'abattage des animaux malades.

Mais il serait aussi nécessaire que cet abattage ne se fît qu'avec indemnité; sans cela, on n'obtiendrait jamais de déclaration de maladie. La force même ne peut y suppléer; en 1774, on fut obligé, comme nous l'avons dit, d'employer plusieurs corps d'armée pour abattre sans indemnité. Mais le mal augmentait, on n'obtenait point de déclarations, les populations se soulevaient; tout se calma et la maladie elle-même disparut bientôt, en donnant une indemnité. Dans le temps présent, la chose serait encore moins possible qu'alors; l'indemnité est donc encore plus nécessaire, et elle doit être au moins de moitié, ou plutôt des deux tiers de l'animal en santé. Celui qui ne doit recevoir que moitié d'animaux qui font souvent toute sa fortune, hésite, temporise, lorsqu'il les voit malades, espère long-temps, et ne déclare que lorsqu'il perd tout espoir de guérison. Le temps qui s'écoule pendant ces retards, multiplie les chances de contagion. Si, au contraire, il doit recevoir la plus grosse part, il n'hésite plus, et se hâte d'annoncer ses malades pour préserver ceux qui lui restent en santé. Ici, la promptitude est tout, c'est l'à-propos partout si précieux, et beaucoup de personnes pensent que plus on s'approchera de la valeur, plus promptement finira la contagion, et plus légers, par conséquent, seront les sacrifices faits pour la détruire.

Pour assurer encore mieux les promptes déclarations, il serait essentiel de stipuler, comme en Autriche et en Belgique, que l'abattage aurait lieu sans indemnité, toutes les fois que les hommes de l'art auraient reconnu une déclaration tardive.

Mais où se prendraient les fonds pour le paiement de l'indemnité? La loi met à la charge du département les dépenses d'épizootie; avec notre rigoureuse spécialité, il n'y a point de fonds libres; mais ne les trouverait-on pas provisoirement sur ceux de non valeur qui seraient l'année suivante remboursés, au besoin, par un impôt extraordinaire. D'ailleurs, quand l'Etat ferait lui-même la dépense et la prendrait sur les fonds communs, n'y a-t-il donc pas une entière solidarité entre tous les départemens, et les sacrifices que fait le Nord, ne préservent-ils pas aussi bien le Midi? La loi, en mettant les dépenses d'épizootie à la charge des départemens, n'a pas prévu la destruction, par l'autorité, des animaux malades; c'est un cas tout spécial qui échappe à la législation existante; mais alors même encore qu'il faudrait demander aux chambres un crédit extraordinaire, on en sollicite, chaque année, pour des circonstances bien moins importantes et bien moins impérieuses.

D'ailleurs, pour éviter tout retard, toute hésitation, et faire cesser toute difficulté à trouver des fonds dans le besoin, il faudrait que la loi, en établissant le principe de l'abattage et de l'indemnité, autorisât aussi, dans chaque département, la formation de caisses d'épizootie. Cette institution, imitée de la Hollande et de quelques contrées d'Allemagne, serait en quelque sorte une caisse d'assurance contre les grandes pertes de bestiaux, aussi utile au pays entier qu'aux propriétaires de bestiaux en particulier.

Il faudrait encore que la mesure fût générale pour toute la France et non facultative; autrement, les départemens où elle n'existerait pas deviendraient un danger pour ceux où on se serait décidé à l'admettre.

Ces caisses d'épizootie seraient, d'ailleurs, purement départementales; elles serviraient à la fois pour les bêtes bovines et les chevaux. Dans chaque commune, un recensement de toutes les catégories de bestiaux serait fait par le garde-champêtre, en même temps et aussi facilement que celui qu'il fait annuellement des animaux de travail pour les chemins vicinaux. Ces diverses catégories s'inscriraient sur le rôle des animaux de travail, tenu par le secrétaire de la mairie; ce rôle serait vérifié par les commissaires répartiteurs en présence du percepteur et du contrôleur. Chaque année, les mutations y seraient facilement annotées, et on arriverait bientôt à un recensement exact des bêtes bovines, résultat qui jusqu'ici n'a point été obtenu. L'état du secrétaire, signé par le maire, serait transmis à la direction des contributions qui ferait inscrire, sans rôles spéciaux, les cotes individuelles sur les avertissemens de la cote personnelle et mobilière. Quatre lignes de plus dans ces avertissemens, qui comprendraient les quatre catégories d'animaux imposés, suffiraient pour la perception. Les fonds seraient recueillis sans frais par les percepteurs, et seraient déposés, avec ou sans l'intermédiaire de la recette générale, dans les caisses d'épargne avec les mêmes avantages que l'Etat fait aux caisses de secours mutuels; le principe est le même, la faveur doit être la même; l'argent y serait reçu à mesure de la perception. La masse de ces fonds n'augmenterait pas sensiblement, comme nous le verrons plus tard, ceux de ces caisses; le gouvernement d'ailleurs ne peut se refuser à ces dépôts; si c'est un sacrifice, il est bien léger pour un si grand intérêt.

Il suffirait, pour la caisse des bêtes bovines, de demander 5 centimes pour chaque élève au-dessous de 1 an; 10 centimes, pour ceux de 1 à 3 ans; 15 centimes, pour les vaches, et 20 centimes pour les bœufs. Cette cotisation pour les 12 millions de bêtes bovines (1) qui existent en France, et qui sont d'une valeur au moins de 1,600 millions s'élèverait à la somme de 1,600,000 fr.; et pour le département de l'Ain, dont nous évaluons les bêtes bovines à plus de 200,000, elle produirait par aperçu une somme de 27,000 fr.

Quant à la caisse des chevaux, les poulains au-dessous de 1 an, paieraient 10 centimes, les élèves de 1 à 3 ans, 20 centimes, et les chevaux et jumens, 40 centimes. Or, nous avons un nombre officiel de 2,800,000 têtes chevalines, dont la valeur est au moins de 1,200 millions; la cotisation s'élèverait à 1 million, chiffre proportionnellement moindre encore que pour les bêtes bovines.

Pour faciliter la perception, on exempterait de la taxe tous les détenteurs, bien rares, de bestiaux, qui n'ont point de cote foncière ni mobilière. La cote d'épizootie s'ajouterait, comme nous l'avons dit, sur l'avertissement, aux autres contributions, et se percevrait en même temps qu'elles. Cette perception se suspendrait, d'ailleurs, toutes les fois que le fond, avec ses intérêts, serait au-dessus de la cote totale d'une année.

Il nous a semblé essentiel que les fonds perçus fussent toujours et immédiatement à portée des besoins, que l'indemnité fût toujours prête pour celui dont l'animal est sacrifié, que la caisse conservât un caractère de localité, pour qu'on en fût plus économe, et qu'enfin le temps écoulé sans l'emploi de ces fonds lui profitât. C'est par cette raison que nous avons pensé que cet argent devait trouver place dans les caisses d'épargne qui présentent tous les avantages dont nous venons de parler. D'ailleurs, il n'est pas à craindre que ces fonds les surchargent,

(1) Le recensement de 1840 ne porte ce nombre qu'à un peu moins de 10 millions; mais, ainsi que cela a été prouvé péremptoirement par le conseil général d'agriculture, ce recensement en n'ouvrant de colonnes qu'aux veaux, aux vaches, aux bœufs et aux taureaux de monte, a fait omettre, en plus grande partie, la classe d'animaux de 1 à 2 ans, et de 2 à 3 ans, dont le nombre est beaucoup au-delà de 2 millions.

2

puisqu'ils ne s'élèveraient jamais, pour toute la France, à 3 millions, somme minime, si on la compare au capital que ces caisses renferment.

Dans toute circonstance, on gagne beaucoup à simplifier. Par ce motif, on pourrait, dans chaque département, n'avoir qu'une caisse pour les bêtes chevalines et bovines; la cotisation resterait comme nous l'avons désignée, mais les fonds se confondraient en entrant dans la caisse.

Il y aurait encore un moyen de faciliter l'organisation et la perception de ces fonds de secours; ce serait de remplacer la cotisation des animaux par un centime ajouté à l'impôt foncier. Ce centime ne s'imposerait qu'autant que la caisse d'épizootie ne renfermerait pas le produit entier d'un centime, et on la complèterait, au besoin, par un demi ou par un quart de centime.

L'impôt alors frapperait le sol au lieu des bestiaux; mais le sol tout entier a le plus grand intérêt à leur conservation : il n'est fécond que par eux. Les villes elles-mêmes ne vivent-elles pas de leur chair et du pain que produisent leurs engrais? Ne se vêtissent-elles pas de leurs dépouilles, et, par leur perte, ne se trouveraient-elles pas privées de tout ce qui fait leurs plus pressans besoins? D'ailleurs, en laissant aux caisses le caractère de localité que nous leur avons donné, les départemens à villes populeuses ont, relativement à leur population et à leurs impôts, beaucoup moins de bestiaux; ils courraient donc d'autant moins de chances d'épizootie, et, par conséquent, leurs caisses feraient moins d'appel de fonds pour se compléter.

Lorsque dans une commune se déclarerait une maladie de bestiaux, lorsqu'on verrait frapper successivement ceux d'une même étable, et que la maladie se transmettrait aux écuries voisines; le vétérinaire de l'arrondissement se transporterait sur les lieux; s'il pensait que la maladie eût des caractères de transmission, et si plus d'un tiers des animaux y succombaient, le vétérinaire du département serait appelé pour examiner l'état des choses; si ces deux vétérinaires le trouvaient grave, ils en feraient un rapport à l'administration qui leur adjoindrait deux des principaux agriculteurs du canton. La commission, présidée par le sous-préfet, déciderait si le danger est assez grand et la transmission assez facile, pour devoir couper le mal dans sa racine et faire abattre les animaux malades.

Toutefois, cette grave décision n'aurait son exécution qu'après l'approbation du conseil départemental de salubrité, présidé par le préfet, auquel seraient appelés les deux vétérinaires, avec voix délibérative. Ce serait un peu de retard sans doute, mais une mesure de cette importance a besoin d'être mûrie et discutée avant d'être mise à exécution. D'ailleurs, l'intervention du conseil de salubrité n'amènerait pas plus de deux à trois jours de retard.

Les frais de déplacement des vétérinaires seraient payés sur la caisse d'épizootie.

Nous ne pensons pas que la dépense dût s'élever en moyenne, chaque année, à moitié seulement de la cotisation; ce serait donc pour assurer une valeur de 1,600 millions de bêtes bovines, contre le danger des épizooties, une dépense de 800 mille fr., ou un deux millième du capital, ou enfin un demi-millime par franc de la valeur totale. La dépense serait encore moindre pour les chevaux.

Nous croyons avoir plutôt diminué qu'exagéré les sacrifices à faire. Le département de l'Ain a dépensé 24,000 fr. pour éteindre la peste bovine, existant depuis plusieurs mois, et sur cinquante points peut-être du pays. Il est évident qu'il en coûterait beaucoup moins, pour nous défendre à l'apparition du mal, alors même qu'il nous envahirait sur plusieurs points à la fois.

Pour nous résumer sur les diverses mesures qu'il nous semble convenable de proposer, nous pensons d'abord qu'il serait tout-à-fait à propos que l'administration locale supérieure, à l'imitation de ce qui a lieu chez nos voisins de Suisse, du Jura et de Savoie, ordonnât qu'aucune bête bovine ne pût être introduite dans une commune, sans un certificat du maire de la commune d'où elle vient, qui attesterait qu'il n'y règne aucune épizootie, et qu'elle intervînt ensuite près de l'administration de Saône-et-Loire, pour que la même mesure y fût prise, ainsi que dans l'Isère, si, contre notre opinion, elle n'y est pas déjà en vigueur.

Dans l'état présent des choses, l'administration serait priée de demander au gouvernement une ordonnance royale, qui interdirait, par la frontière du Rhin, l'entrée de toute bête bovine, des cuirs verts, des cornes et des poils frais; et comme ces débris sont facilement transportables, leur entrée par les autres frontières et par mer ne serait permise qu'avec des certificats d'origine, qui établiraient qu'ils ne viennent pas de pays envahis ou menacés.

Il serait aussi nécessaire que l'ordonnance prescrivît l'abattage des animaux atteints de l'épizootie bos-hongroise, et le paiement par le trésor des deux tiers de leur valeur, sous la condition absolue d'une déclaration non tardive.

Enfin, comme il est essentiel dans une question aussi importante pour la prospérité agricole, et où tout retard peut être fatal, qu'une législation prévoyante soit toujours prête pour venir au secous du pays, le gouvernement serait prié de vouloir bien, aux sessions prochaines, présenter une loi qui ordonnerait, en principe, l'abattage des animaux atteints d'épizootie contagieuse et meurtrière, et qui autoriserait, dans chaque département, l'établissement d'une caisse spéciale, formée au moyen d'une cotisation par tête de bestiaux, ou par la perception d'un centime sur la contribution foncière, pour payer à l'avenir les dépenses qu'occasionerait cette mesure.

Par ces divers moyens, le présent et l'avenir se trouveraient, il nous semble, préservés par de bien légers sacrifices. On assurerait, contre les grandes chances de destruction, un capital sur lequel repose presque toute la puissance de travail du sol français, un capital d'où sort une grande partie de son revenu, un capital qui, par les engrais qu'il produit, peut seul renouveler et soutenir sa fécondité, un capital, enfin qui se

reproduit lui-même, et dont le superflu et la dépouille consti-
tuent une partie essentielle de la nourriture et des vêtemens de
la population.

Mais le gouvernement, au milieu de ses préoccupations
nombreuses, voudra-t-il s'occuper de cette question qui semble
devenue moins pressante qu'elle ne l'était il y a quelques mois.
La maladie se calme, dit-on ; mais elle existe encore dans un
grand nombre de pays. Les cuirs des animaux qui ont péri sont
livrés au commerce ; les quarantaines ne sont point telles, que
des animaux, portant le germe du mal, ne puissent infecter les
pays voisins, et la contagion finir par arriver jusqu'à nous. En
1774, elle en paraissait beaucoup plus éloignée qu'aujourd'hui ;
elle nous est arrivée, comme nous l'avons dit, à cette époque,
par des cuirs verts, débarqués à Bayonne, et de là a ravagé
une grande partie de la France.

L'agriculture française tout entière s'est émue de crainte à
l'approche de ce mal terrible ; elle verrait donc avec la plus vive
reconnaissance, que le gouvernement voulût bien prendre les
mesures que nous lui demandons. Ces mesures sont toutes préventives, ne dérangent rien, ne nuisent à aucun intérêt français, et cependant suffiraient pour préserver l'avenir agricole
du pays. Nous sommes au moment où cette mesure aurait le
plus d'opportunité ; elle serait accueillie comme en Belgique,
sans discussion, avec empressement même, par les législateurs ;
ce ne serait maintenant qu'une mesure préventive ; elle serait
plus grave et plus difficile à obtenir si on attendait qu'elle dût
être répressive.

Le gouvernement vient bien de témoigner par un acte de bon
vouloir sa sollicitude pour cette question. Il a fait ouvrir un
concours sur le caractère, la marche et le traitement de la peste
bovine. La Société centrale d'agriculture, chargée du pro-
gramme, l'a étendu à toutes les épizooties. Nous remercions
bien sincèrement le gouvernement de cet acte qui peut amener
sur ce sujet des lumières qu'on sollicite en vain de la science
depuis plusieurs siècles ; mais il ne doit pas dispenser des

mesures à prendre contre l'invasion du mal. Il faut que les études sur cette terrible maladie se fassent ailleurs qu'en France, et puisque le gouvernement apprécie toute la gravité de la question, nous redoublerons, en terminant, nos instances pour qu'il veuille bien prendre les mesures de prévoyance que nous venons de lui demander.

Par la Société, le 18 mars 1845.

Le Secrétaire, Ph. LeDuc.   *Le Président,* M.-A. Puvis.